上海市住房和城乡建设管理委员会



# 上海市水务工程施工工期定额

（水利、排水、给水）

SH T0—80(02)—2024

同济大学出版社

2024 上 海

**图书在版编目(CIP)数据**

上海市水务工程施工工期定额(水利、排水、给水)SH T0-80(02)-2024 / 上海市水务工程定额管理站总主编. 上海：同济大学出版社，2024.11. -- ISBN 978-7-5765-1390-5

Ⅰ. TV512

中国国家版本馆 CIP 数据核字第 2024HN9735 号

**上海市水务工程施工工期定额(水利、排水、给水)SH T0—80(02)—2024**

上海市水务工程定额管理站　总主编

**责任编辑** 朱　勇　**责任校对** 徐春莲　**封面设计** 陈益平

出版发行 同济大学出版社　www.tongjipress.com.cn

(地址：上海市四平路 1239 号　邮编：200092　电话：021-65985622)

经　销 全国各地新华书店

印　刷 苏州市古得堡数码印刷有限公司

开　本 890mm×1240mm　1/16

印　张 4

字　数 124 000

版　次 2024 年 11 月第 1 版

印　次 2024 年 11 月第 1 次印刷

书　号 ISBN 978-7-5765-1390-5

定　价 50.00 元

# 上海市水务工程施工工期定额

（水利、排水、给水）

SH T0—80(02)—2024

## 编制委员会


**主　　　任：**高昊旻

**副　主　任：**汪结春　金鹏飞　孙晓东　崔海灵　盛　罡

**委　　　员：**周建军　夏　杰　田爱平　曹　荣　王洁琼　方　媛
陈淑烨　蒋宏彦


## 水 利 分 册


**主 编 单 位：**上海市水务工程定额管理站
上海事通工程造价咨询监理有限公司

**主要编制人员：**陈淑烨　周建军　濮忆秋　张文超　蔡超英　张　泉
范　苇　郭战军　朱　涛　倪　磊　陈　翔　张　林
戴峻晟　徐欣卉

**评 审 专 家：**程松明　黄　英　徐　峰　张文虎　卢琦琳　楼启为
黄建中

## 排 水 分 册

**主 编 单 位：** 上海市水务工程定额管理站
上海市城市建设设计研究总院（集团）有限公司
上海城济工程造价咨询有限公司

**主要编制人员：** 陈淑烨 周建军 杨旻皓 刘凤仙 汤继平 梁 辰
沈 浩 何伊君 严嘉敏 许嘉俊 宋德琴 徐 程
赵易鸣 赵 鹏 徐欣卉 徐红仙

**评 审 专 家：** 戴富元 汪一江 黄 英 王 梅 韩 忠

## 给 水 分 册

**主 编 单 位：** 上海市水务工程定额管理站
上海市政工程设计研究总院（集团）有限公司
上海公路桥梁（集团）有限公司

**主要编制人员：** 陈淑烨 周建军 王 梅 徐欣卉 高志强 彭夏军
乐 意 郑永鹏 朱文君 赵未寒 王佳磊 刘凤仙

**评 审 专 家：** 戴富元 蔡晓东 曹 磊 黄 英 陈国华

# 上海市住房和城乡建设管理委员会文件

沪建标定〔2024〕246 号

---

## 关于批准发布《上海市水务工程施工工期定额（水利、排水、给水）（SH T0—80(02)—2024）》的通知

各有关单位：

为合理确定本市水务建设工程施工工期，满足建设工程计价需求，根据《关于印发2021年度上海市工程建设及城市基础设施养护维修定额编制计划的通知》（沪建标定〔2020〕490号）及《上海市建设工程定额体系表(2020)》（沪建标定〔2020〕794号），上海市水务工程定额管理站组织编制了《上海市水务工程施工工期定额（水利、排水、给水）(SH T0—80(02)—2024)》。经审核，现予以批准发布，自2024年10月1日起实施。原《上海市建设工程施工工期定额》(SH T0—80(01)—2011)排水管道工程同时废止。

本次发布的定额由市住房城乡建设管理委负责管理，上海市水务工程定额管理站负责组织实施和解释。

特此通知。

上海市住房和城乡建设管理委员会

2024年5月21日

# 目　　录

# 水 利 分 册

# 总 说 明

一、本定额是根据《关于印发〈上海市建设工程定额体系表(2020)〉的通知》(沪建标定〔2020〕794号)的文件精神，参照《上海市建设工程施工工期定额(建筑、市政、城市轨道交通工程)(SH T0—80(01)—2022)》，按上海市辖区范围内正常施工条件、常用施工方法、合理劳动组织及平均施工技术装备和管理水平编制的。

二、本定额适用于上海市行政区域内新建、扩建、改建水利工程项目。

三、本定额是水利建设工程在项目建议书、可行性研究、初步设计、招投标阶段确定工期及签订施工合同的参考依据。

四、本定额共分七章，包括：

第一章　泵站工程

第二章　水闸工程

第三章　江(河)堤工程

第四章　海堤工程

第五章　桥涵工程

第六章　疏拓及吹填工程

第七章　专业工程

五、本定额工期是指自开工之日起到完成各章节所包含的全部工程内容并达到国家、行业和本市完工验收标准之日止的有效日历天数(包括法定节假日)，不包括三通一平、打试验桩、地下障碍物处理等施工准备和竣工文件编制所需的时间。

六、本定额工期综合考虑了冬期施工、雨季施工、汛期、一般气候影响、常规地质条件和节假日等因素，并结合国家法律法规的有关规定、施工规范和技术操作规程要求进行测算确定。

七、本定额施工工期的调整：

(一) 因不可抗力或政府政策影响施工进度或造成工程暂停施工的，经发包、承包双方确认，可以调整工期。

(二) 因设计变更或发包方原因造成工期变化的，经发包、承包双方确认，可以调整工期。

(三) 施工过程中遇到障碍物或古墓、文物、化石、流砂、暗浜、淤泥、石方等需要进行特殊处理且影响关键线路时，由发包、承包双方确认后增加工期。

(四) 因工程用地规划、动拆迁、地下管线改移未完成，未能按合同约定时间开工的，由发包、承包双方确定调整工期。

(五) 因明确的土方处置点或土方(砂源)来源未落实、供电外线未及时接入等，造成工程暂停施工的，经发包、承包双方确认，可以调整工期。

(六) 其他非承包人原因造成的工期延误，经发包、承包双方确认，可以调整工期。

八、同期施工的群体工程中包括2个或2个以上单项(位)工程时，按下列公式计算：

加1个单项(位)工程：　$T=T_1+T_2\times 0.15$

加2个单项(位)工程：　$T=T_1+(T_2+T_3)\times 0.1$

加3个单项(位)工程：　$T=T_1+(T_2+T_3+T_4)\times 0.08$

其中：$T$ 为建筑工程项目总工期；$T_1$、$T_2$、$T_3$、$T_4$ 为所有单项(位)工程工期最长的前4个，且 $T_1\geqslant T_2\geqslant T_3\geqslant T_4$。

$T_1$、$T_2$、$T_3$、$T_4$ 中前一项单项(位)工程工期超后一项单项(位)工程工期50%以上的，则后项所有单项(位)工程工期不做累加工期计算。

4 个以上的单项(位)工程不再计算增加工期。

如以上各单项(位)工程之间存在工序上的前后关系(无交叉工期),则各单项(位)工程直接累加计算项目总工期。

九、泵站、水闸、桥涵工程(不含独立管理房)的定额工期按“拦河围堰定额工期+基坑围护定额工期+桩基定额工期+泵站、水闸、桥涵主体结构定额工期+导流定额工期”五项累加计算。

独立管理房定额工期按第七章专业工程定额工期,作为单项(位)工程工期计算。

拦河围堰、基坑围护、桩基定额工期按第七章专业工程定额工期分别计算。

泵站、水闸、桥涵主体结构定额工期按泵站、水闸、桥涵各章节的定额工期分别计算。

导流按具体导流方案,分别套用单项工期定额计算。

以上内容存在交叉工期的,扣减交叉工期天数。

十、泵站、水闸、桥涵工程如采用基坑围护,每增加 1 道围护支撑,定额工期增加 10%;增加的工期超过 60 d,超过部分不再另计。

十一、泵闸工程工期计算公式如下:

$$T=T_1+T_2\times 0.1$$

其中:$T$ 为泵闸工程项目总工期;$T_1$ 为泵站和水闸分别按定额计算单项(位)工程工期的大值;$T_2$ 为泵站和水闸分别按定额计算单项(位)工程工期的小值。

十二、本定额凡注明“×××以内(下)”者,均包括“×××”本身;注明“×××以外(上)”者,均不包括“×××”本身;注明“××~××”区间的均不包括低值本身,包括高值本身。

# 第一章　泵站工程

## 说　明

一、本章定额为泵站主体工程工期，指土方挖填、基础至泵房结构封顶、机电设备及金属结构设备安装调试、室内外装饰、管理区附属设施等全部完成的工期，不包括拦河围堰、基坑围护、桩基、管理区内独立管理房及导流施工内容。

二、泵站流量是指单座泵站的设计流量。

# 第一节　泵站工程

| 编号 | 设计流量($m^3/s$) | 机组数(台) | 工期(d) |
|---|---|---|---|
| 5-1-1 | ≤2 | ≤4 | 232 |
| 5-1-2 | 2～10 | ≤4 | 267 |
| 5-1-3 | | 4～6 | 287 |
| 5-1-4 | | >6 | 307 |
| 5-1-5 | 10～50 | ≤4 | 302 |
| 5-1-6 | | 4～6 | 322 |
| 5-1-7 | | >6 | 342 |
| 5-1-8 | 50～200 | ≤4 | 337 |
| 5-1-9 | | 4～6 | 357 |
| 5-1-10 | | >6 | 377 |

# 第二章　水闸工程

## 说　明

一、本章定额为水闸主体工程工期，指土方挖填、基础至启闭机室结构封顶、机电设备及金属结构设备安装调试、室内外装饰、管理区平面设施等全部完成的工期，不包括拦河围堰、基坑围护、桩基、管理区内独立管理房及导流施工内容。

二、本章定额按闸门总净宽编制，当闸门为 4 孔以上（含 4 孔）或闸门总净宽超 40 m 时，定额工期乘以系数 1.15。

# 第一节 水闸工程

| 编号 | 闸门启闭形式 | 闸门净宽(m) | 工期(d) |
| --- | --- | --- | --- |
| 5-2-1 | 卷扬式 | ≤4 | 212 |
| 5-2-2 | | 4～12 | 252 |
| 5-2-3 | | 12～20 | 292 |
| 5-2-4 | | 20～28 | 332 |
| 5-2-5 | | >28 | 372 |
| 5-2-6 | 液压式 | ≤4 | 232 |
| 5-2-7 | | 4～12 | 272 |
| 5-2-8 | | 12～20 | 312 |
| 5-2-9 | | 20～28 | 352 |
| 5-2-10 | | >28 | 392 |

# 第三章　江(河)堤工程

## 说　明

一、本章定额为江(河)堤工程工期,指围堰填筑和拆除,土方开挖和回填,桩基、底板、墙身、护坡等浇(砌)筑或安装,防汛通道铺筑,绿化种植,栏杆安装等全部完成的工期。

二、本章定额桩基形式分无桩基、沉入桩和灌注桩,搅拌桩按沉入桩计算。

三、本章定额结构形式分现浇挡墙、装配式挡墙、砌块挡墙和浆砌石挡墙。

四、本章定额工期按相邻两个定额子目工期以内插法计算。

五、本章定额工期按顺河围堰编制,如为拦河围堰按定额工期乘以系数 0.9,如无围堰按定额工期乘以系数 0.8。

六、本章定额堤线长度最长为 3000 m;堤线长度超 3000 m 的,每增加 1000 m 定额工期乘以系数 1.05(如增加 2000 m 定额工期乘以系数 1.1,以此类推);堤线增加长度超 5000 m 的,超过部分不另增加工期。

# 第一节　江(河)堤工程

| 编号 | 桩基形式 | 结构形式 | 堤线长度(m) | 工期(d) |
|---|---|---|---|---|
| 5-3-1 | 无桩基 | 现浇挡墙 | 500 | 119 |
| 5-3-2 | | | 1000 | 192 |
| 5-3-3 | | | 2000 | 265 |
| 5-3-4 | | | 3000 | 314 |
| 5-3-5 | | 装配式挡墙 | 500 | 102 |
| 5-3-6 | | | 1000 | 168 |
| 5-3-7 | | | 2000 | 233 |
| 5-3-8 | | | 3000 | 277 |
| 5-3-9 | | 砌块挡墙 | 500 | 129 |
| 5-3-10 | | | 1000 | 202 |
| 5-3-11 | | | 2000 | 275 |
| 5-3-12 | | | 3000 | 324 |
| 5-3-13 | | 浆砌石挡墙 | 500 | 139 |
| 5-3-14 | | | 1000 | 212 |
| 5-3-15 | | | 2000 | 285 |
| 5-3-16 | | | 3000 | 334 |
| 5-3-17 | 沉入桩 | 现浇挡墙 | 500 | 170 |
| 5-3-18 | | | 1000 | 243 |
| 5-3-19 | | | 2000 | 316 |
| 5-3-20 | | | 3000 | 365 |
| 5-3-21 | | 装配式挡墙 | 500 | 153 |
| 5-3-22 | | | 1000 | 219 |
| 5-3-23 | | | 2000 | 284 |
| 5-3-24 | | | 3000 | 328 |
| 5-3-25 | | 砌块挡墙 | 500 | 180 |
| 5-3-26 | | | 1000 | 253 |
| 5-3-27 | | | 2000 | 326 |
| 5-3-28 | | | 3000 | 375 |
| 5-3-29 | | 浆砌石挡墙 | 500 | 190 |
| 5-3-30 | | | 1000 | 263 |
| 5-3-31 | | | 2000 | 336 |
| 5-3-32 | | | 3000 | 385 |

（续表）

| 编号 | 桩基形式 | 结构形式 | 堤线长度(m) | 工期(d) |
|---|---|---|---|---|
| 5-3-33 | 灌注桩 | 现浇挡墙 | 500 | 311 |
| 5-3-34 | | | 1000 | 384 |
| 5-3-35 | | | 2000 | 457 |
| 5-3-36 | | | 3000 | 506 |
| 5-3-37 | | 装配式挡墙 | 500 | 294 |
| 5-3-38 | | | 1000 | 360 |
| 5-3-39 | | | 2000 | 425 |
| 5-3-40 | | | 3000 | 469 |
| 5-3-41 | | 砌块挡墙 | 500 | 321 |
| 5-3-42 | | | 1000 | 394 |
| 5-3-43 | | | 2000 | 467 |
| 5-3-44 | | | 3000 | 516 |
| 5-3-45 | | 浆砌石挡墙 | 500 | 331 |
| 5-3-46 | | | 1000 | 404 |
| 5-3-47 | | | 2000 | 477 |
| 5-3-48 | | | 3000 | 526 |

# 第四章　海堤工程

## 说　明

一、本章定额包括圈围工程和促淤工程，含长江口及杭州湾防波堤工程。

二、本章定额中圈围工程工期，指护底、堤身、护脚、护坡、防浪墙、堤顶道路及附属工程等全部完成的工期。

三、本章定额中促淤工程工期，指护底、促淤坝工程及滩地种青等全部完成的工期。

四、本章定额堤身采用插打塑料排水板进行地基处理的，当地基处理堤线长度达到总项目长度的40％时，定额工期乘以系数1.1；当地基处理的堤线长度达到总项目长度的60％时，定额工期乘以系数1.15；当地基处理的堤线长度达到整个项目长度的80％时，定额工期乘以系数1.2。

五、本章定额结构促淤中促淤坝长度最长为5 km；促淤坝长超5 km的，每增加0.5 km，定额工期乘以系数1.05；促淤坝增加长度超2 km的，超过部分不另增加工期。

六、本章定额生态促淤中促淤区面积最大为3000亩；促淤区面积超3000亩的，每增加300亩，定额工期乘以系数1.05；促淤区增加面积超1500亩的，超过部分不另增加工期。

# 第一节　圈围工程

| 编号 | 砂(土)来源 | 堤身每公里砂(土)方量(万 $m^3$) | 堤线长度(km) | 工期(d) |
|---|---|---|---|---|
| 5-4-1 | 就地取砂(土) | ≤10 | ≤3 | 480 |
| 5-4-2 | | | 3～10 | 490 |
| 5-4-3 | | | >10 | 510 |
| 5-4-4 | | 10～30 | ≤3 | 490 |
| 5-4-5 | | | 3～10 | 500 |
| 5-4-6 | | | >10 | 520 |
| 5-4-7 | | 30～50 | ≤3 | 500 |
| 5-4-8 | | | 3～10 | 510 |
| 5-4-9 | | | >10 | 530 |
| 5-4-10 | | >50 | ≤3 | 510 |
| 5-4-11 | | | 3～10 | 520 |
| 5-4-12 | | | >10 | 540 |
| 5-4-13 | 外来砂(土) | ≤10 | ≤3 | 510 |
| 5-4-14 | | | 3～10 | 520 |
| 5-4-15 | | | >10 | 540 |
| 5-4-16 | | 10～30 | ≤3 | 520 |
| 5-4-17 | | | 3～10 | 530 |
| 5-4-18 | | | >10 | 550 |
| 5-4-19 | | 30～50 | ≤3 | 530 |
| 5-4-20 | | | 3～10 | 540 |
| 5-4-21 | | | >10 | 560 |
| 5-4-22 | | >50 | ≤3 | 540 |
| 5-4-23 | | | 3～10 | 550 |
| 5-4-24 | | | >10 | 570 |

# 第二节 促淤工程

| 编号 | 促淤方式 | 促淤坝促淤 | | 生态促淤 | |
|---|---|---|---|---|---|
| | | 长度(km) | 工期(d) | 面积(亩) | 工期(d) |
| 5-4-25 | 促淤坝 | 1 | 105 | | |
| 5-4-26 | | 3 | 150 | | |
| 5-4-27 | | 5 | 180 | | |
| 5-4-28 | 生态促淤 | | | 500 | 60 |
| 5-4-29 | | | | 1000 | 70 |
| 5-4-30 | | | | 2000 | 80 |
| 5-4-31 | | | | 3000 | 90 |

# 第五章　桥涵工程

## 说　明

一、本章定额包括桥梁工程和涵洞(闸)工程。

二、本章定额中桥梁主体工程工期,指土方挖填、承台、墩柱、盖梁、上部预制结构吊装或现浇桥板、桥面铺装、人行道、栏杆及附属设施等全部完成的工期,不包括拦河围堰、基坑围护、桩基、导流施工内容。

三、本章定额中涵洞主体工程工期,指土方挖填、底板至顶板浇筑、路面铺装、栏杆安装等全部完成的工期,不包括拦河围堰、基坑围护、桩基、导流施工内容。

四、本章桥梁定额工期桥梁板按预制安装编制,如为现浇桥梁板,定额工期增加 10 d 计算。

五、涵闸主体(无消力海漫结构)工程工期按桥涵主体工程定额工期增加 60 d 计算。涵闸主体(有消力海漫结构)工程工期按水闸工期定额计算。

六、本章定额工期需破海塘大堤施工,涉及破堤及修复的工期另行计算。

七、本章桥梁定额工期按河道断流施工编制,如为搭设水上工作平台施工,定额工期乘以系数 1.3。

八、本章涵洞定额工期按单孔编制;如为双孔涵洞,按定额工期乘以系数 1.1;如为 3 孔(或 3 孔以上)涵洞,按定额工期乘以系数 1.2。

# 第一节 桥梁工程

| 编号 | 跨数 | 桥宽(m) | 工期(d) |
|---|---|---|---|
| 5-5-1 | 单跨 | ≤5 | 65 |
| 5-5-2 | | 5～10 | 70 |
| 5-5-3 | | 10～15 | 75 |
| 5-5-4 | | >15 | 85 |
| 5-5-5 | 双跨 | ≤5 | 75 |
| 5-5-6 | | 5～10 | 80 |
| 5-5-7 | | 10～15 | 85 |
| 5-5-8 | | >15 | 95 |
| 5-5-9 | 三跨 | ≤5 | 85 |
| 5-5-10 | | 5～10 | 90 |
| 5-5-11 | | 10～15 | 95 |
| 5-5-12 | | >15 | 105 |

# 第二节 涵洞工程

| 编号 | 内孔尺寸 | 洞长(m) | 工期(d) |
| --- | --- | --- | --- |
| 5-5-13 | 现浇方涵<br>(净宽≤2 m×净高≤2 m) | ≤10 | 66 |
| 5-5-14 | | 10～20 | 71 |
| 5-5-15 | | 20～30 | 76 |
| 5-5-16 | | >30 | 81 |
| 5-5-17 | 现浇方涵<br>(净宽>2 m×净高≤2 m) | ≤10 | 71 |
| 5-5-18 | | 10～20 | 76 |
| 5-5-19 | | 20～30 | 81 |
| 5-5-20 | | >30 | 86 |
| 5-5-21 | 现浇方涵<br>(净宽≤2 m×净高>2 m) | ≤10 | 71 |
| 5-5-22 | | 10～20 | 76 |
| 5-5-23 | | 20～30 | 81 |
| 5-5-24 | | >30 | 86 |
| 5-5-25 | 现浇方涵<br>(净宽>2 m×净高>2 m) | ≤10 | 76 |
| 5-5-26 | | 10～20 | 81 |
| 5-5-27 | | 20～30 | 86 |
| 5-5-28 | | >30 | 91 |
| 5-5-29 | 预制圆涵(直径≤2 m) | ≤10 | 56 |
| 5-5-30 | | 10～20 | 61 |
| 5-5-31 | | 20～30 | 66 |
| 5-5-32 | | >30 | 71 |
| 5-5-33 | 预制圆涵(直径>2 m) | ≤10 | 61 |
| 5-5-34 | | 10～20 | 66 |
| 5-5-35 | | 20～30 | 71 |
| 5-5-36 | | >30 | 76 |

# 第六章 疏拓及吹填工程

## 说 明

一、本章定额包括疏拓工程和吹填工程。

二、本章定额工期按相邻两个定额子目工期内插法计算。

三、内河抓斗式挖船泥疏浚、吹填工程土类划分见表 1-6-1。

**表 1-6-1 内河抓斗式挖泥船疏浚、吹填工程土壤特性和分级**

| 岩土类型 | 级别 | 状态 | 强度及结构特征 | 判别指标 | | |
|---|---|---|---|---|---|---|
| | | | | 标贯击数 $N$（击） | 天然重度 $\gamma$（$kN/m^3$） | 液性指数 $I_L$ |
| 有机质土、淤泥类 | 一 | 流动～极软 | 可能是密实的或松软的，强度和结构在水平或垂直方向上可能相差很大，并存在气体 | — | $\gamma<16.6$ | $I_L>1.00$ |
| 淤泥质土类 | 二 | 软 | 极易用手指捏成形 | $N\leqslant4$ | $\gamma\leqslant17.6$ | $I_L>0.75$ |
| 黏性土类 | 三 | 中等 | 稍用力捏可成形 | $N\leqslant8$ | $\gamma\leqslant18.7$ | $I_L\leqslant0.75$ |
| | 四 | 硬 | 手指需用力捏成形 | $N\leqslant15$ | $\gamma\leqslant19.5$ | $I_L\leqslant0.50$ |
| | 五 | 坚硬 | 不能用手指捏成形，可用大拇指压出凹痕 | $N>15$ | $\gamma>19.5$ | $I_L<0.25$ |
| 砂(粉)土类 | 六 | 松散 | 较容易将 12 mm 钢筋插入土中 | $N\leqslant10$ | $\gamma\leqslant18.6$ | — |
| | 七 | 中密 | 用 2～3 kg 重锤很容易将 12 mm 钢筋打入土中 | $N\leqslant30$ | $\gamma\leqslant19.6$ | — |
| | 八 | 密实 | 用 2～3 kg 重锤可将 12 mm 钢筋打入土中 30 mm | $N>30$ | $\gamma>19.6$ | — |

四、内河抓斗式挖泥船疏浚、吹填工程定额按一、二级土编制；如实际为三、六级土，定额工期乘以系数 1.1；实际为四级土，定额工期乘以系数 1.2；实际为五、七级土，定额工期乘以系数 1.3；实际为八级土，定额工期乘以系数 1.4。

五、水力冲挖土类划分见表 1-6-2。

**表 1-6-2 水力冲挖土类划分**

| 土类 | 土类名称 | 自然湿密度（$g/cm^3$） | 外形特征 | 简单判别方法 |
|---|---|---|---|---|
| 一 | 稀淤 | 1.50～1.80 | 含水饱和，搅动即成糊状 | 用容器装运 |
| | 流砂 | | 含水饱和，能缓缓流动，挖而复涨 | |
| 二 | 砂土 | 1.65～1.75 | 颗粒较粗，无凝聚性和可塑性，空隙大，易透水 | 用铁锹开挖 |
| | 砂壤土 | | 土质松软，由砂与壤土组成，易成浆 | |

（续表）

| 土类 | 土类名称 | 自然湿密度（$g/cm^3$） | 外形特征 | 简单判别方法 |
|---|---|---|---|---|
| 三 | 烂淤 | 1.70～1.85 | 行走陷足，粘锹、粘筐 | 用铁锹或长苗大锹开挖 |
| | 壤土 | | 手触感觉有砂的成分，可塑性好 | |
| | 含根种植土 | | 有植物根系，能成块，易打碎 | |
| 四 | 黏土 | 1.75～1.90 | 颗粒较细，粘手滑腻，能压成块 | 用三齿叉撬挖 |
| | 干燥黄土 | | 粘手，看不见砂粒 | |
| | 干淤土 | | 水分在饱和点以下，质软易挖 | |

六、本章水力冲挖定额按一、二类土编制；实际为三、四类土，定额工期乘以系数1.4。

七、本章疏拓定额中，当土方采用泥驳外运时，需赶潮或土方翻驳的，定额工期乘以系数2.0～3.0。

八、本章定额疏拓开挖量最大为50万$m^3$；疏拓开挖量超50万$m^3$的，每增加1万$m^3$定额工期乘以系数1.025（如增加5万$m^3$，定额工期乘以系数1.125，以此类推）；疏拓增加开挖量超20万$m^3$的，超过部分不另增加工期。

九、本章定额疏拓中土方外运或处置工期无法满足正常的疏拓工期要求的，疏拓工期增加土方外运或处置工期。

十、本章定额吹填工程吹填量最大为10000万$m^3$；吹填量大于10000万$m^3$的，超过部分不另增加工期。

十一、本章定额未考虑围堰工期，涉及需围堰填筑拆除的，围堰填筑工期按专业工程定额计算。吹填工程中开工展布、收工集合工期按吹填敷设管线长度7 d/km计算。

# 第一节　疏拓工程

| 编号 | 疏拓方式 | 疏拓开挖量(万 $m^3$) | 工期(d) |
|---|---|---|---|
| 5-6-1 | 实地机械开挖 | 2 | 26 |
| 5-6-2 | | 5 | 57 |
| 5-6-3 | | 20 | 93 |
| 5-6-4 | | 50 | 171 |
| 5-6-5 | 内河抓斗式挖泥船疏浚 | 2 | 29 |
| 5-6-6 | | 5 | 73 |
| 5-6-7 | | 20 | 98 |
| 5-6-8 | | 50 | 184 |
| 5-6-9 | 水力冲挖 | 2 | 42 |
| 5-6-10 | | 5 | 69 |
| 5-6-11 | | 20 | 139 |
| 5-6-12 | | 50 | 208 |

## 第二节 吹填工程

| 编号 | 吹填工艺 | 吹填方量(万 $m^3$) | 工期(d) |
|---|---|---|---|
| 5-6-13 | 吹泥船 | 10 | 14 |
| 5-6-14 | | 50 | 60 |
| 5-6-15 | | 100 | 80 |
| 5-6-16 | | 300 | 154 |
| 5-6-17 | | 每增加 100 | 51 |
| 5-6-18 | 绞(耙)吸船 | 100 | 55 |
| 5-6-19 | | 300 | 97 |
| 5-6-20 | | 1000 | 154 |
| 5-6-21 | | 每增加 100 | 15 |

# 第七章　专 业 工 程

## 说　明

一、本章定额包括拦河围堰工程、基坑围护工程、桩基工程和独立管理房工程。

二、内外河围堰同时施工时,按定额工期的大值计算。

三、基坑围护工程

(一) 基坑围护包括钢筋混凝土灌注桩、型钢水泥土搅拌墙、地下连续墙、拉森钢板桩和水泥土重力式挡土墙。

(二) 基坑围护工期不包括施工准备、机械进场、试桩及检验检测时间。

(三) 基坑围护工程按单台机械作业编制,采用多台机械同时作业时,乘以表 1-7-1 中相应系数计算工期。

**表 1-7-1　基坑围护工程多台机械同时作业调整系数**

| 挖深(m) | 钻机台数 | |
|---|---|---|
| | 2 台 | 3 台及以上 |
| ≤10 | 0.60 | 0.45 |
| ≤20 | 0.70 | 0.50 |

四、桩基工程

(一) 本章定额桩长按 40 m 以内考虑,超 40 m 的可套用本市其他相关定额。

(二) 打桩开工日期以第一根桩开始计算,包括桩的现场搬运、就位、打桩、压桩、接桩、送桩和钢筋笼制作安装等工作内容;不包括施工准备、机械进出场、试桩、检验检测时间。

(三) 预制桩的工期不区分施工工艺,均按桩深和工程量计算工期。

(四) 桩基工程工期按单台机械作业编制,采用多台机械同时作业时,乘以表 1-7-2 中相应系数计算工期。

**表 1-7-2　桩基工程多台机械同时作业调整系数**

| 桩长(m) | 桩机台数 | |
|---|---|---|
| | 2 台 | 3 台及以上 |
| ≤20 | 0.55 | 0.40 |
| ≤40 | 0.60 | 0.45 |

(五) 同一工程采用不同施工方式同时作业时,各自计算工期取最大值。

五、桩基工程中水泥土搅拌桩按"幅"计算,一幅为二轴或三轴等组合。

六、独立管理房工程含土方、基础、主体结构、围护工程、装饰装修、通用安装等工程施工的时间。

七、独立管理房工程工期按 3 层及 3 层以内房屋编制。

# 第一节　拦河围堰工程

| 编号 | 填筑方式 | 围堰高(m) | 围堰长(m) | 工期(d) |
|---|---|---|---|---|
| 5-7-1 | 土石围堰 | ≤3 | ≤30 | 22 |
| 5-7-2 | | | 30～60 | 31 |
| 5-7-3 | | | 60～100 | 37 |
| 5-7-4 | | ≤5 | ≤30 | 24 |
| 5-7-5 | | | 30～60 | 34 |
| 5-7-6 | | | 60～100 | 41 |
| 5-7-7 | | ≤7 | ≤30 | 29 |
| 5-7-8 | | | 30～60 | 41 |
| 5-7-9 | | | 60～100 | 49 |
| 5-7-10 | 充泥管袋围堰 | ≤3 | ≤30 | 24 |
| 5-7-11 | | | 30～60 | 34 |
| 5-7-12 | | | 60～100 | 41 |
| 5-7-13 | | ≤5 | ≤30 | 27 |
| 5-7-14 | | | 30～60 | 38 |
| 5-7-15 | | | 60～100 | 46 |
| 5-7-16 | | ≤7 | ≤30 | 32 |
| 5-7-17 | | | 30～60 | 46 |
| 5-7-18 | | | 60～100 | 55 |
| 5-7-19 | 钢管(圆木)桩围堰 | ≤3 | ≤30 | 22 |
| 5-7-20 | | | 30～60 | 31 |
| 5-7-21 | | | 60～100 | 37 |
| 5-7-22 | | ≤5 | ≤30 | 24 |
| 5-7-23 | | | 30～60 | 34 |
| 5-7-24 | | | 60～100 | 41 |
| 5-7-25 | | ≤7 | ≤30 | 29 |
| 5-7-26 | | | 30～60 | 41 |
| 5-7-27 | | | 60～100 | 49 |
| 5-7-28 | 钢板桩围堰 | ≤3 | ≤30 | 24 |
| 5-7-29 | | | 30～60 | 34 |
| 5-7-30 | | | 60～100 | 41 |
| 5-7-31 | | ≤5 | ≤30 | 27 |
| 5-7-32 | | | 30～60 | 38 |
| 5-7-33 | | | 60～100 | 46 |
| 5-7-34 | | ≤7 | ≤30 | 32 |
| 5-7-35 | | | 30～60 | 46 |
| 5-7-36 | | | 60～100 | 55 |

# 第二节 基坑围护工程

| 编号 | 支护方式 | 基坑深度(m) | 基坑周长(m) | 工期(d) |
|---|---|---|---|---|
| 5-7-37 | 钢筋混凝土灌注桩 | ≤10 | ≤300 | 71 |
| 5-7-38 | | | ≤400 | 94 |
| 5-7-39 | | | ≤500 | 123 |
| 5-7-40 | | | ≤600 | 146 |
| 5-7-41 | | | ≤700 | 169 |
| 5-7-42 | | | ≤800 | 191 |
| 5-7-43 | | | ≤900 | 219 |
| 5-7-44 | | | ≤1000 | 242 |
| 5-7-45 | | | 每增加 100 | 25 |
| 5-7-46 | | ≤15 | ≤300 | 112 |
| 5-7-47 | | | ≤400 | 146 |
| 5-7-48 | | | ≤500 | 180 |
| 5-7-49 | | | ≤600 | 219 |
| 5-7-50 | | | ≤700 | 253 |
| 5-7-51 | | | ≤800 | 287 |
| 5-7-52 | | | ≤900 | 321 |
| 5-7-53 | | | ≤1000 | 355 |
| 5-7-54 | | | 每增加 100 | 35 |
| 5-7-55 | 型钢水泥土搅拌墙 | ≤10 | ≤300 | 60 |
| 5-7-56 | | | ≤400 | 80 |
| 5-7-57 | | | ≤500 | 100 |
| 5-7-58 | | | ≤600 | 121 |
| 5-7-59 | | | ≤700 | 141 |
| 5-7-60 | | | ≤800 | 161 |
| 5-7-61 | | | ≤900 | 181 |
| 5-7-62 | | | ≤1000 | 201 |
| 5-7-63 | | | 每增加 100 | 20 |
| 5-7-64 | 地下连续墙 | ≤15 | ≤300 | 107 |
| 5-7-65 | | | ≤400 | 138 |
| 5-7-66 | | | ≤500 | 163 |
| 5-7-67 | | | ≤600 | 185 |
| 5-7-68 | | | ≤700 | 210 |
| 5-7-69 | | | ≤800 | 241 |
| 5-7-70 | | | ≤900 | 263 |

（续表）

| 编号 | 支护方式 | 基坑深度(m) | 基坑周长(m) | 工期(d) |
|---|---|---|---|---|
| 5-7-71 | 地下连续墙 | ≤15 | ≤1000 | 296 |
| 5-7-72 | | | 每增加 100 | 33 |
| 5-7-73 | | ≤20 | ≤300 | 137 |
| 5-7-74 | | | ≤400 | 175 |
| 5-7-75 | | | ≤500 | 208 |
| 5-7-76 | | | ≤600 | 240 |
| 5-7-77 | | | ≤700 | 272 |
| 5-7-78 | | | ≤800 | 313 |
| 5-7-79 | | | ≤900 | 343 |
| 5-7-80 | | | ≤1000 | 386 |
| 5-7-81 | | | 每增加 100 | 41 |
| 5-7-82 | 拉森钢板桩 | ≤5 | ≤300 | 50 |
| 5-7-83 | | | ≤400 | 70 |
| 5-7-84 | | | ≤500 | 90 |
| 5-7-85 | | | ≤600 | 100 |
| 5-7-86 | | | ≤700 | 120 |
| 5-7-87 | | | ≤800 | 140 |
| 5-7-88 | | | ≤900 | 160 |
| 5-7-89 | | | ≤1000 | 180 |
| 5-7-90 | | | 每增加 100 | 10 |
| 5-7-91 | 水泥土重力式挡土墙 | ≤8 | ≤300 | 65 |
| 5-7-92 | | | ≤400 | 70 |
| 5-7-93 | | | ≤500 | 75 |
| 5-7-94 | | | ≤600 | 80 |
| 5-7-95 | | | ≤700 | 85 |
| 5-7-96 | | | ≤800 | 90 |
| 5-7-97 | | | ≤900 | 95 |
| 5-7-98 | | | ≤1000 | 100 |
| 5-7-99 | | | 每增加 100 | 25 |

# 第三节　桩 基 工 程

| 编号 | 桩基类型 | 桩长(m) | 桩径(cm) | 工程量(根) | 工期(d) |
|---|---|---|---|---|---|
| 5-7-100 | 预制桩 | ≤10 |  | ≤100 | 10 |
| 5-7-101 |  |  |  | ≤200 | 15 |
| 5-7-102 |  |  |  | ≤300 | 21 |
| 5-7-103 |  |  |  | ≤400 | 25 |
| 5-7-104 |  |  |  | ≤500 | 28 |
| 5-7-105 |  |  |  | 每增加 100 | 4 |
| 5-7-106 |  | ≤20 |  | ≤100 | 11 |
| 5-7-107 |  |  |  | ≤200 | 17 |
| 5-7-108 |  |  |  | ≤300 | 23 |
| 5-7-109 |  |  |  | ≤400 | 28 |
| 5-7-110 |  |  |  | ≤500 | 31 |
| 5-7-111 |  |  |  | 每增加 100 | 5 |
| 5-7-112 | 钻孔灌注桩 | ≤10 | ≤80 | ≤50 | 20 |
| 5-7-113 |  |  |  | ≤100 | 40 |
| 5-7-114 |  |  |  | ≤150 | 60 |
| 5-7-115 |  |  |  | ≤200 | 80 |
| 5-7-116 |  |  |  | ≤250 | 100 |
| 5-7-117 |  |  |  | ≤300 | 120 |
| 5-7-118 |  |  |  | 每增加 50 | 20 |
| 5-7-119 |  |  | ≤100 | ≤50 | 25 |
| 5-7-120 |  |  |  | ≤100 | 50 |
| 5-7-121 |  |  |  | ≤150 | 75 |
| 5-7-122 |  |  |  | ≤200 | 100 |
| 5-7-123 |  |  |  | ≤250 | 125 |
| 5-7-124 |  |  |  | ≤300 | 150 |
| 5-7-125 |  |  |  | 每增加 50 | 25 |
| 5-7-126 |  | ≤20 | ≤80 | ≤50 | 25 |
| 5-7-127 |  |  |  | ≤100 | 50 |
| 5-7-128 |  |  |  | ≤150 | 75 |
| 5-7-129 |  |  |  | ≤200 | 100 |
| 5-7-130 |  |  |  | ≤250 | 125 |
| 5-7-131 |  |  |  | ≤300 | 150 |
| 5-7-132 |  |  |  | 每增加 50 | 25 |

（续表）

| 编号 | 桩基类型 | 桩长(m) | 桩径(cm) | 工程量(根) | 工期(d) |
|---|---|---|---|---|---|
| 5-7-133 | 钻孔灌注桩 | ≤20 | ≤100 | ≤50 | 33 |
| 5-7-134 | | | | ≤100 | 67 |
| 5-7-135 | | | | ≤150 | 100 |
| 5-7-136 | | | | ≤200 | 133 |
| 5-7-137 | | | | ≤250 | 167 |
| 5-7-138 | | | | ≤300 | 200 |
| 5-7-139 | | | | 每增加 50 | 33 |
| 5-7-140 | | ≤40 | ≤80 | ≤50 | 50 |
| 5-7-141 | | | | ≤100 | 100 |
| 5-7-142 | | | | ≤150 | 150 |
| 5-7-143 | | | | ≤200 | 200 |
| 5-7-144 | | | | ≤250 | 250 |
| 5-7-145 | | | | ≤300 | 300 |
| 5-7-146 | | | | 每增加 50 | 50 |
| 5-7-147 | | | ≤100 | ≤50 | 50 |
| 5-7-148 | | | | ≤100 | 100 |
| 5-7-149 | | | | ≤150 | 150 |
| 5-7-150 | | | | ≤200 | 200 |
| 5-7-151 | | | | ≤250 | 250 |
| 5-7-152 | | | | ≤300 | 300 |
| 5-7-153 | | | | 每增加 50 | 50 |
| 5-7-154 | 水泥土搅拌桩 | ≤10 | 单轴直径≤80 | ≤100 | 8 |
| 5-7-155 | | | | ≤200 | 13 |
| 5-7-156 | | | | ≤300 | 18 |
| 5-7-157 | | | | ≤400 | 23 |
| 5-7-158 | | | | ≤500 | 28 |
| 5-7-159 | | | | 每增加 100 | 5 |
| 5-7-160 | | | 单轴直径≤100 | ≤100 | 10 |
| 5-7-161 | | | | ≤200 | 18 |
| 5-7-162 | | | | ≤300 | 26 |
| 5-7-163 | | | | ≤400 | 34 |
| 5-7-164 | | | | ≤500 | 42 |
| 5-7-165 | | | | 每增加 100 | 8 |
| 5-7-166 | | ≤20 | 单轴直径≤80 | ≤100 | 11 |
| 5-7-167 | | | | ≤200 | 22 |
| 5-7-168 | | | | ≤300 | 33 |

(续表)

| 编号 | 桩基类型 | 桩长(m) | 桩径(cm) | 工程量(根) | 工期(d) |
|---|---|---|---|---|---|
| 5-7-169 | 水泥土搅拌桩 | ≤20 | 单轴直径≤80 | ≤400 | 44 |
| 5-7-170 | | | | ≤500 | 55 |
| 5-7-171 | | | | 每增加 100 | 11 |
| 5-7-172 | | | 单轴直径≤100 | ≤100 | 12 |
| 5-7-173 | | | | ≤200 | 24 |
| 5-7-174 | | | | ≤300 | 36 |
| 5-7-175 | | | | ≤400 | 48 |
| 5-7-176 | | | | ≤500 | 60 |
| 5-7-177 | | | | 每增加 100 | 12 |

# 第四节　独立管理房工程

| 编号 | 基础类型 | 首层建筑面积($m^2$) | 总建筑面积($m^2$) | 工期(d) |
| --- | --- | --- | --- | --- |
| 5-7-178 | 筏板基础/满堂基础 | ≤500 | ≤1000 | 200 |
| 5-7-179 | | | ≤2000 | 210 |
| 5-7-180 | | ≤1000 | ≤1000 | 205 |
| 5-7-181 | | | ≤2000 | 215 |
| 5-7-182 | 独立基础/条形基础 | ≤500 | ≤1000 | 185 |
| 5-7-183 | | | ≤2000 | 195 |
| 5-7-184 | | ≤1000 | ≤1000 | 190 |
| 5-7-185 | | | ≤2000 | 200 |

# 排 水 分 册

# 总 说 明

一、本定额是根据《关于印发〈上海市建设工程定额体系表(2020)〉的通知》(沪建标定〔2020〕794号)的文件精神,以住房和城乡建设部《建筑安装工程工期定额(TY 01—89—2016)》《上海市建设工程施工工期定额(2011)》(市政工程)和《上海市建设工程施工工期定额(建筑、市政、城市轨道交通工程)(SH T0—80(01)—2022)》为基础,结合上海市行政区域范围内常规地质条件、正常施工条件、常用施工方法、合理劳动组织,按上海市平均施工技术装备和管理水平等实际情况编制的。

二、本定额适用于上海市行政区域范围内新建、改建、扩建的室外排水管道工程和排水构筑物工程(不包括地下污水处理厂工程)。

三、本定额是排水建设工程在项目建议书、可行性研究、初步设计、招投标阶段确定工期及签订施工合同的参考依据。

四、本定额工期以日历天为单位,是指自开工之日起到完成各章节所包含的全部工程内容并达到国家、行业和本市竣工验收标准之日止的有效日历天数(包括法定节假日),不包括开工日之前的准备、竣工文件编制和竣工验收及移交工作所需时间。

五、本定额工期综合考虑了冬期施工、雨季施工、一般气候影响、常规地质条件和节假日等因素,并结合国家法律法规的有关规定、相关施工规范和技术操作规程要求进行测算确定。

六、本定额施工工期的调整:

(一) 不可抗力、政府政策性影响施工进度或造成工程暂停施工的,经发包、承包双方确认,可以调整工期。

(二) 施工过程中遇到障碍物或古墓、文物、化石、流砂、暗浜、淤泥、石方等需要进行特殊处理且影响关键线路工期的,由发包、承包双方确认后增加工期。

(三) 设计变更或发包方原因造成工期变化的,经发包、承包双方确认,可以调整工期。

(四) 其他非承包人原因造成的工期延误,经发包、承包双方确认,可以调整工期。

七、本定额凡注明"×××以内(下)"者,均包括"×××"本身;注明"×××以外(上)"者,均不包括"×××"本身。

# 第一章　排水管道工程

## 说　明

一、本章定额包括开槽埋管工程和顶管工程。

二、开槽埋管工程

（一）开槽埋管定额工作内容：沟槽开挖(包括道路结构层翻挖)、沟槽支护、降排水、管道垫层、管道基座、管道铺设、管道闭水试验、检查井、沟槽回填等。

（二）工期计算规则

1. 开槽埋管的长度按设计管道或施工承包合同长度计算。

2. 埋管管径、沟槽深度不同时，按下列公式分别计算管径和沟槽深度的加权平均值。

$$D=\frac{1}{L}\sum_{i=1}^{n} l_i \cdot d_i$$

$$H=\frac{1}{L}\sum_{i=1}^{n} l_i \cdot h_i$$

式中：$L$——埋管总长度；

$D$——加权平均管径；

$H$——加权平均沟槽深度；

$l_i$——各管段的埋管长度；

$d_i$——各管段的埋管管径；

$h_i$——各管段的埋管平均沟槽深度。

3. 管道长度小于 100 m 时，按 100 m 计算工期；管道长度大于 100 m 且非整百米时，采用内插法计算工期。支管已包含在定额中，不另行计算工期。

4. 本章定额开槽埋管按最大长度 600 m 编制。当管道长度超 600 m 时，工期按下式计算。若管道长度超过 2400 m，不再增加工期。

$$T=T_1+0.15\times T_2+0.10\times T_3+0.05\times T_4$$

式中：$T$——开槽埋管工程总工期；

$T_1$——长度 600m 的查表工期；

$T_2$——第二个 600 m 长度范围内的查表工期；

$T_3$——第三个 600 m 长度范围内的查表工期；

$T_4$——第四个 600 m 长度范围内的查表工期。

5. 两种排水管道(雨水、污水)工程同沟槽施工时，其工期以两种管道中工期较长的为基数，乘以表 2-1-1 系数计算。

**表 2-1-1　同槽施工系数**

| 管径(mm) | 1600 以内 | 1600 以外 |
|---|---|---|
| 同槽施工系数 | 1.25 | 1.10 |

6. 两种排水管道工程平行施工时，其工期按下式计算：

工期＝工期较长的管道工程工期×65%＋工期较短的管道工程工期

7. 排水管道闭水试验的时间已包含在定额中，不再另行计算。

8. 本章定额不包括施工破坏路面恢复的工期。

三、顶管工程

（一）顶管工程的工期按钢筋混凝土管道、两座工作井之间的距离200 m以内编制。

（二）顶管工作井的工期按围护结构类型、井面积、井深编制。顶管工作井面积已综合了圆形或矩形（正方形）等结构形式。

（三）顶管定额工作内容：洞口处理、安拆顶进后座及坑内平台、安拆封闭式顶管设备及附属设施、封闭式管道顶进、安拆中继间、触变泥浆减阻、触变泥浆置换、压浆孔封堵、内接口、管节与工作井接口处理、管道渗漏水检查等。

（四）顶管工作井定额工作内容：

1. 有支护顶管工作井：地基处理、基坑支护、基坑降排水、基坑开挖（包括道路结构层翻挖）、顶管井制作、检查井砌筑、回填土方等。

2. 沉井：地基处理、基坑开挖（包括道路结构层翻挖）、降排水、沉井制作及下沉、钢筋混凝土浇筑、检查井砌筑、回填土方等。

（五）工期计算规则：

1. 顶管工期以顶管设备连续顶进编制，顶管分不同管径，按工作井与接收井之间的长度套用定额，不足200 m按200 m计。

2. 顶管设备转场一次按表2-1-2增计工期。

**表2-1-2　顶管设备转场一次增计工期**

| 顶管管径(mm) | 1600以内 | 2400以内 | 2400以外 |
|---|---|---|---|
| 增计天数(d) | 4 | 8 | 10 |

3. 顶管工作井面积按内净尺寸计算；井深按原地面标高至底板顶标高计算。

四、水平定向钻施工工期可参照“给水分册”。

# 第一节　开槽埋管工程

## 一、钢筋混凝土管道

| 编号 | 管径(mm) | 槽深(m) | 工期(d) | | | | | |
|---|---|---|---|---|---|---|---|---|
| | | | 长度(m) | | | | | |
| | | | 100 | 200 | 300 | 400 | 500 | 600 |
| 6-1-1 | 600 | 2 以内 | 21 | 32 | 43 | 54 | 65 | 76 |
| 6-1-2 | | 3 以内 | 23 | 35 | 47 | 59 | 71 | 83 |
| 6-1-3 | | 4 以内 | 27 | 39 | 51 | 63 | 75 | 87 |
| 6-1-4 | | 5 以内 | 29 | 43 | 57 | 71 | 85 | 99 |
| 6-1-5 | | 5.5 以内 | 30 | 45 | 60 | 75 | 90 | 105 |
| 6-1-6 | 800 | 2 以内 | 22 | 34 | 45 | 56 | 67 | 78 |
| 6-1-7 | | 3 以内 | 24 | 36 | 48 | 60 | 72 | 84 |
| 6-1-8 | | 4 以内 | 28 | 41 | 54 | 67 | 80 | 93 |
| 6-1-9 | | 5 以内 | 30 | 44 | 58 | 72 | 86 | 100 |
| 6-1-10 | | 5.5 以内 | 31 | 46 | 61 | 76 | 91 | 106 |
| 6-1-11 | 1000 | 3 以内 | 26 | 38 | 51 | 64 | 77 | 90 |
| 6-1-12 | | 4 以内 | 30 | 44 | 58 | 72 | 86 | 100 |
| 6-1-13 | | 5 以内 | 32 | 47 | 63 | 79 | 95 | 111 |
| 6-1-14 | | 6 以内 | 34 | 50 | 67 | 84 | 101 | 118 |
| 6-1-15 | 1200 | 3 以内 | 27 | 41 | 55 | 69 | 83 | 97 |
| 6-1-16 | | 4 以内 | 31 | 46 | 61 | 76 | 91 | 106 |
| 6-1-17 | | 5 以内 | 33 | 50 | 67 | 84 | 101 | 118 |
| 6-1-18 | | 6 以内 | 35 | 53 | 71 | 89 | 107 | 125 |
| 6-1-19 | | 6.5 以内 | 37 | 55 | 73 | 91 | 109 | 127 |
| 6-1-20 | 1350 | 3 以内 | 29 | 43 | 57 | 71 | 85 | 99 |
| 6-1-21 | | 4 以内 | 33 | 48 | 64 | 79 | 94 | 110 |
| 6-1-22 | | 5 以内 | 34 | 51 | 68 | 85 | 102 | 119 |
| 6-1-23 | | 6 以内 | 36 | 54 | 72 | 90 | 108 | 126 |
| 6-1-24 | | 7 以内 | 38 | 57 | 76 | 95 | 114 | 133 |
| 6-1-25 | 1500 | 3 以内 | 30 | 44 | 59 | 74 | 89 | 104 |
| 6-1-26 | | 4 以内 | 35 | 52 | 69 | 86 | 103 | 120 |
| 6-1-27 | | 5 以内 | 38 | 57 | 76 | 95 | 114 | 133 |
| 6-1-28 | | 6 以内 | 41 | 60 | 79 | 98 | 117 | 136 |
| 6-1-29 | | 7 以内 | 45 | 66 | 87 | 108 | 129 | 150 |

（续表）

| 编号 | 管径(mm) | 槽深(m) | 工期(d) | | | | | |
|---|---|---|---|---|---|---|---|---|
| | | | 长度(m) | | | | | |
| | | | 100 | 200 | 300 | 400 | 500 | 600 |
| 6-1-30 | 1650 | 3 以内 | 31 | 46 | 61 | 76 | 91 | 106 |
| 6-1-31 | | 4 以内 | 36 | 55 | 73 | 91 | 109 | 127 |
| 6-1-32 | | 5 以内 | 40 | 61 | 81 | 101 | 121 | 141 |
| 6-1-33 | | 6 以内 | 44 | 65 | 86 | 107 | 128 | 149 |
| 6-1-34 | | 7 以内 | 49 | 71 | 93 | 115 | 137 | 159 |
| 6-1-35 | 1800 | 3 以内 | 33 | 50 | 67 | 84 | 101 | 118 |
| 6-1-36 | | 4 以内 | 39 | 59 | 79 | 99 | 119 | 139 |
| 6-1-37 | | 5 以内 | 43 | 65 | 87 | 109 | 131 | 153 |
| 6-1-38 | | 6 以内 | 47 | 70 | 93 | 116 | 139 | 162 |
| 6-1-39 | | 7 以内 | 52 | 76 | 100 | 124 | 148 | 172 |
| 6-1-40 | 2000 | 4 以内 | 41 | 62 | 83 | 104 | 125 | 146 |
| 6-1-41 | | 5 以内 | 45 | 68 | 91 | 114 | 137 | 160 |
| 6-1-42 | | 6 以内 | 49 | 74 | 99 | 124 | 149 | 174 |
| 6-1-43 | | 7 以内 | 54 | 80 | 107 | 134 | 161 | 188 |
| 6-1-44 | 2200 | 4 以内 | 44 | 67 | 90 | 113 | 136 | 159 |
| 6-1-45 | | 5 以内 | 49 | 73 | 98 | 123 | 148 | 173 |
| 6-1-46 | | 6 以内 | 54 | 82 | 110 | 138 | 166 | 194 |
| 6-1-47 | | 7 以内 | 60 | 88 | 118 | 148 | 178 | 208 |
| 6-1-48 | 2400 | 4 以内 | 48 | 73 | 98 | 123 | 148 | 173 |
| 6-1-49 | | 5 以内 | 54 | 79 | 106 | 133 | 160 | 187 |
| 6-1-50 | | 6 以内 | 60 | 90 | 120 | 150 | 180 | 210 |
| 6-1-51 | | 7 以内 | 66 | 97 | 128 | 159 | 190 | 221 |
| 6-1-52 | 2700 | 5 以内 | 59 | 89 | 119 | 149 | 179 | 209 |
| 6-1-53 | | 6 以内 | 66 | 101 | 136 | 171 | 206 | 241 |
| 6-1-54 | | 7 以内 | 74 | 114 | 154 | 194 | 234 | 274 |
| 6-1-55 | 3000 | 5 以内 | 65 | 99 | 133 | 167 | 201 | 235 |
| 6-1-56 | | 6 以内 | 73 | 111 | 149 | 187 | 225 | 263 |
| 6-1-57 | | 7 以内 | 82 | 128 | 174 | 220 | 266 | 312 |

## 二、化学建材管道

| 编号 | 管径(mm) | 槽深(m) | 工期(d) | | | | | |
|---|---|---|---|---|---|---|---|---|
| | | | 长度(m) | | | | | |
| | | | 100 | 200 | 300 | 400 | 500 | 600 |
| 6-1-58 | 400 | 2 以内 | 14 | 20 | 26 | 32 | 38 | 44 |
| 6-1-59 | | 3 以内 | 15 | 22 | 29 | 36 | 43 | 50 |
| 6-1-60 | | 4 以内 | 18 | 27 | 36 | 45 | 54 | 63 |
| 6-1-61 | 600 | 2 以内 | 15 | 22 | 29 | 36 | 43 | 50 |
| 6-1-62 | | 3 以内 | 17 | 25 | 33 | 41 | 49 | 57 |
| 6-1-63 | | 4 以内 | 20 | 29 | 38 | 47 | 56 | 65 |
| 6-1-64 | | 5 以内 | 22 | 32 | 42 | 52 | 62 | 72 |
| 6-1-65 | 800 | 2 以内 | 16 | 23 | 30 | 37 | 44 | 51 |
| 6-1-66 | | 3 以内 | 18 | 26 | 34 | 42 | 50 | 58 |
| 6-1-67 | | 4 以内 | 21 | 30 | 39 | 48 | 57 | 66 |
| 6-1-68 | | 5 以内 | 23 | 33 | 43 | 53 | 63 | 73 |
| 6-1-69 | 1000 | 3 以内 | 19 | 27 | 35 | 43 | 51 | 59 |
| 6-1-70 | | 4 以内 | 22 | 32 | 41 | 51 | 60 | 69 |
| 6-1-71 | | 5 以内 | 25 | 36 | 46 | 57 | 67 | 78 |
| 6-1-72 | | 6 以内 | 26 | 37 | 48 | 59 | 70 | 81 |
| 6-1-73 | 1200 | 3 以内 | 20 | 28 | 36 | 44 | 53 | 61 |
| 6-1-74 | | 4 以内 | 23 | 33 | 43 | 53 | 62 | 72 |
| 6-1-75 | | 5 以内 | 26 | 37 | 48 | 59 | 70 | 81 |
| 6-1-76 | | 6 以内 | 28 | 39 | 51 | 62 | 74 | 85 |
| 6-1-77 | 1400 | 3 以内 | 21 | 30 | 38 | 47 | 55 | 64 |
| 6-1-78 | | 4 以内 | 24 | 34 | 44 | 55 | 65 | 75 |
| 6-1-79 | | 5 以内 | 27 | 38 | 50 | 61 | 72 | 83 |
| 6-1-80 | | 6 以内 | 30 | 41 | 53 | 64 | 76 | 87 |
| 6-1-81 | | 6.5 以内 | 31 | 42 | 54 | 65 | 77 | 88 |
| 6-1-82 | 1600 | 3 以内 | 23 | 33 | 43 | 52 | 62 | 72 |
| 6-1-83 | | 4 以内 | 26 | 37 | 48 | 59 | 70 | 81 |
| 6-1-84 | | 5 以内 | 29 | 41 | 53 | 65 | 77 | 89 |
| 6-1-85 | | 6 以内 | 32 | 44 | 57 | 70 | 82 | 94 |
| 6-1-86 | | 7 以内 | 34 | 47 | 60 | 73 | 86 | 99 |
| 6-1-87 | 1800 | 4 以内 | 28 | 40 | 52 | 64 | 76 | 88 |
| 6-1-88 | | 5 以内 | 31 | 44 | 57 | 70 | 83 | 96 |
| 6-1-89 | | 6 以内 | 33 | 47 | 61 | 75 | 89 | 103 |
| 6-1-90 | | 7 以内 | 36 | 51 | 65 | 80 | 94 | 109 |

（续表）

| 编号 | 管径(mm) | 槽深(m) | 工期(d) | | | | | |
|---|---|---|---|---|---|---|---|---|
| | | | 长度(m) | | | | | |
| | | | 100 | 200 | 300 | 400 | 500 | 600 |
| 6-1-91 | 2000 | 4 以内 | 30 | 42 | 54 | 66 | 78 | 90 |
| 6-1-92 | | 5 以内 | 32 | 45 | 58 | 71 | 84 | 97 |
| 6-1-93 | | 6 以内 | 34 | 48 | 62 | 77 | 91 | 105 |
| 6-1-94 | | 7 以内 | 37 | 52 | 67 | 83 | 98 | 113 |

# 第二节　顶 管 工 程

## 一、顶管

| 编号 | 管径(mm) | 工期(d) | | | | | | | | |
|---|---|---|---|---|---|---|---|---|---|---|
| | | 长度(m) | | | | | | | | |
| | | 200 | 300 | 400 | 500 | 600 | 700 | 800 | 900 | 1000 |
| 6-1-95 | 1200 以内 | 15 | 23 | 31 | 39 | 47 | 55 | 63 | 71 | 79 |
| 6-1-96 | 1600 以内 | 17 | 25 | 34 | 42 | 50 | 59 | 67 | 75 | 84 |
| 6-1-97 | 2000 以内 | 18 | 27 | 36 | 45 | 54 | 63 | 73 | 82 | 91 |
| 6-1-98 | 2400 以内 | 20 | 30 | 40 | 50 | 60 | 70 | 80 | 90 | 100 |
| 6-1-99 | 3000 以内 | 22 | 33 | 44 | 55 | 66 | 78 | 89 | 100 | 111 |
| 6-1-100 | 3000 以外 | 25 | 38 | 50 | 63 | 75 | 88 | 100 | 113 | 125 |

注:本定额未包括一次连续顶进距离超过 1000 m 的超长距离顶管工程工期。

## 二、顶管工作井

| 编号 | 结构类型 | 面积($m^2$) | 工期(d) | | |
|---|---|---|---|---|---|
| | | | 槽深(m) | | |
| | | | 8 以内 | 11 以内 | 11 以外 |
| 6-1-101 | 钢筋混凝土结构<br>(钻孔灌注桩+旋喷桩支护) | 20 以内 | 72 | 80 | 90 |
| 6-1-102 | | 30 以内 | 78 | 86 | 100 |
| 6-1-103 | | 40 以内 | 90 | 100 | 116 |
| 6-1-104 | | 60 以内 | 125 | 144 | 166 |
| 6-1-105 | | 60 以外 | 140 | 165 | 205 |
| 6-1-106 | 钢筋混凝土结构<br>(型钢水泥土搅拌桩支护) | 20 以内 | 65 | 74 | 85 |
| 6-1-107 | | 30 以内 | 70 | 80 | 92 |
| 6-1-108 | | 40 以内 | 80 | 92 | 106 |
| 6-1-109 | | 60 以内 | 92 | 110 | 132 |
| 6-1-110 | | 60 以外 | 107 | 127 | 157 |
| 6-1-111 | 钢筋混凝土沉井 | 20 以内 | 60 | 74 | 94 |
| 6-1-112 | | 30 以内 | 67 | 83 | 105 |
| 6-1-113 | | 40 以内 | 77 | 97 | 122 |
| 6-1-114 | | 60 以内 | | 105 | 140 |
| 6-1-115 | | 60 以外 | | 112 | 150 |

# 第二章　排水构筑物工程

## 说　明

一、本章定额包括污水处理厂工程和排水泵站工程。

二、污水处理厂工程和排水泵站工程包括构筑物、建筑物、管线、设备安装及调试、附属设施等全部内容，不包括厂站外的配套工程。

三、本章定额已综合考虑了雨污水合建泵站的工期。

四、本章定额主要工作内容：地基加固、基坑围护、土方开挖及回填、降排水、钢筋混凝土结构、设备安装及调试、管线敷设、绿化、厂内道路等。

五、污水处理厂的工期按设计日处理量编制。设计日处理量小于 5 万 $m^3$ 时，按 5 万 $m^3$ 计算工期。设计日处理量大于 5 万 $m^3$，并在定额相邻项目区间时，工期按内插法计算。

六、排水泵站的工期按设计流量编制。设计流量大于 2 $m^3/s$，并在定额相邻项目区间时，采用内插法计算工期。

七、一体式排水泵站工期按排水泵站工程工期乘以系数 0.70 计算。

# 第一节　污水处理厂工程

| 编号 | 日处理量(万 $m^3$/d) | 工期(d) |
|---|---|---|
| 6-2-1 | 5 以内 | 305 |
| 6-2-2 | 20 以内 | 485 |
| 6-2-3 | 40 以内 | 605 |
| 6-2-4 | 50 以内 | 730 |
| 6-2-5 | 70 以内 | 820 |

# 第二节　排水泵站工程

| 编号 | 设计流量($m^3/s$) | 工期(d) |
| --- | --- | --- |
| 6-2-6 | 2 以内 | 235 |
| 6-2-7 | 10 以内 | 370 |
| 6-2-8 | 30 以内 | 550 |
| 6-2-9 | 50 以内 | 730 |

# 给 水 分 册

# 总　说　明

一、本定额是根据《关于印发〈上海市建设工程定额体系表(2020)〉的通知》(沪建标定〔2020〕794号)的文件精神，参照《上海市建设工程施工工期定额(建筑、市政、城市轨道交通工程)(SH T0—80(01)—2022)》，在收集上海市行政区范围内给水工程实例的基础上，按正常施工条件、常用施工方法、合理劳动组织及平均施工技术装备和管理水平编制的。

二、本定额适用于上海市行政区域新建、扩建、改建的室外给水管道工程和给水构筑物工程。

三、本定额是给水建设工程在项目建议书、可行性研究、初步设计、招投标阶段确定工期及签订施工合同的参考依据。

四、本定额工期以日历天为单位，是指自开工之日起到完成各章节所包含的全部工程内容并达到国家、行业和本市竣工验收标准之日止的有效日历天数(包括法定节假日)，不包括开工日之前的准备、竣工文件编制和竣工验收及移交工作所需时间。

五、本定额工期综合考虑了冬期施工、雨季施工、一般气候影响、常规地质条件和节假日等因素，并结合国家法律法规的有关规定、相关施工规范和技术操作规程要求进行测算确定。

六、本定额施工工期的调整：

(一) 不可抗力、政府政策性影响施工进度或造成工程暂停施工的，经发包、承包双方确认，可以调整工期。

(二) 施工过程中遇到障碍物或古墓、文物、化石、流砂、暗浜、淤泥、石方等需要进行特殊处理且影响关键线路工期的，由发包、承包双方确认后增加工期。

(三) 设计变更或发包方原因造成工期变化的，经发包、承包双方确认，可以调整工期。

(四) 其他非承包人原因造成的工期延误，经发包、承包双方确认，可以调整工期。

七、本定额凡注明“×××以内(下)”者，均包括“×××”本身；注明“×××以外(上)”者，均不包括“×××”本身。

# 第一章　给水管道工程

## 说　明

一、本章定额包括开槽埋管工程、水平定向钻工程和顶管工程三部分。

二、本章定额适用于各种接口形式和含有不同管件数量的一般性管道的新建、改建、扩建单项独立施工工程。

三、本章定额工期由基本工期、附加工期构成。基本工期是正常条件下完成基本施工内容所需要的时间。在计算工期时,按管道材质、管径、施工段长度计算给水管道定额工期。

开槽埋管工程基本工期包括沟槽开挖、沟槽支护、管道及管配件安装、附属构筑物及沟槽回填等。

水平定向钻工程基本工期包括前导工作、穿越管道地面布设、管道熔接、充填或注浆、泥浆抽集、安拆拖头、钻导向孔、扩孔、管线回拖等。

顶管基本工期包括洞口处理、安拆顶进后座及坑内平台、安拆顶管设备及附属设施、封闭式管道顶进、安拆中继间、触变泥浆减阻、压浆孔封拆、泥浆置换等。

顶管工作井基本工期包括地基处理、基坑支护或沉井制作、基坑开挖、基坑降排水、钢筋混凝土浇筑、回填土方等。

附加工期是在基本施工内容之外发生的、常见或必要的施工因素所增加的工期。在计算工期时,根据设计、施工内容、施工条件按照本说明第五条工期计算规则第(四)和(五)款执行。

四、定额工期已包括各种材料的防腐、构件与管件的加工以及管道焊口探伤、阴极保护、功能性试验、冲洗消毒等。

五、工期计算规则

(一) 不同管径连续排管应按累计延长米计算,同时按管径从大到小排列计取。先按 $\sum_{i=1}^{n} l_i$ 套用定额工期,减去按 $\sum_{i=1}^{n-1} l_i$ 套用定额工期,即为第 $n$ 段对应工期 $T_j$。单项项目工期可按下式计算:

$$T=\sum_{j=1}^{n} T_j$$

式中:$T$——单项项目工期;

$l_i$——各管段管道长度;

$T_j$——各管段定额工期。

(二) 在原有管位拆排的管道工程需要铺设临时管道时,其工期可按与旧管线等长的新建管道定额工期的 1.5 倍计算;当不需要铺设临时管道时,可按新建管道定额工期的 1.2 倍计算。

(三) 各种管道附属构筑物、基底处理均不考虑附加工期,全部包含在相应管道工程工期定额内。

(四) 当相同材质管道总长度大于 2000 m 时,增加工期按表 3-1-1 计算。

**表 3-1-1　相同材质管道总长度大于 2000 m 时增加工期**

| 相同材质管道总长度 | 增加工期 |
| --- | --- |
| 2000 m＜$L$≤4000 m 部分 | 0.3×基本工期 |

（续表）

| 相同材质管道总长度 | 增加工期 |
| --- | --- |
| 4000 m<$L$≤6000 m 部分 | 0.2×基本工期 |
| 6000 m<$L$≤8000 m 部分 | 0.1×基本工期 |
| $L$>8000 m 部分 | 不再计算工期 |

（五）施工过程中遇破除旧路面、降水、不断水开梯及断水开梯等情形，分别按照下列规定增加工期：

1. 破除路面施工增加工期（仅限明挖沟槽使用），按破除旧路面面积计算（表 3-1-2）。

**表 3-1-2　破除路面施工增加工期**

| 项目 | 工期(d) | |
| --- | --- | --- |
| | 1000 m$^2$ 以内 | 1000 m$^2$ 以外 |
| 破除旧路 | 9 | 12 |

2. 降水工程增加工期，按降水施工段长度计算（表 3-1-3）。

**表 3-1-3　降水工程增加工期**

| 降水施工长度 | 工期(d) | 降水施工长度 | 工期(d) |
| --- | --- | --- | --- |
| ≤工程总长的 50% | 20 | >工程总长的 50% | 30 |

3. 不断水开梯及断水开梯增加工期按“处”计算（表 3-1-4）。

**表 3-1-4　不断水开梯及断水开梯增加工期**

| 工程内容 | 工期(天/处) | 工程内容 | 工期(天/处) |
| --- | --- | --- | --- |
| 不断水开梯 | 4 | 断水开梯 | 7 |

4. 施工方法增加工期，按设计长度计算（表 3-1-5）。

**表 3-1-5　施工方法增加工期**

| 项目 | 工期(d) | |
| --- | --- | --- |
| | 长度 30 m 以内 | 长度 30 m 以外 |
| 过路段 | 4 | 5 |
| 套管 | 2 | 4 |
| 管内穿管 | 3 | 5 |

（六）当开槽埋管工程实际长度在定额相邻子目长度区间时，按内插法计算工期。实际长度小于 50 m 的管道工程，按 50 m 计算工期。

（七）水平定向钻工程工期按照下列规定计算：

1. 本章定额适用于管道长度 800 m 以内水平定向钻工程。
2. 水平定向钻工程工期已包括工作井。
3. 水平定向钻工程定额分不同管径，按设计长度套用定额。

（八）顶管工程包括顶管工作井和管道顶进，工期分别按照下列规定计算：

1. 本章定额适用于管道长度 1200 m 以内顶管工程。
2. 顶管工作井定额分不同结构类型、管径，按井深执行相应定额子目。
3. 管道顶进定额分不同管径，按设计长度套用定额。

# 第一节　开槽埋管工程

## 一、球墨铸铁管铺设

| 编号 | 公称直径(mm) | 工期(d) | | | | |
|---|---|---|---|---|---|---|
| | | 长度(m) | | | | |
| | | ≤50 | ≤200 | ≤400 | ≤600 | >600 时<br>每增加 200 |
| 7 1 1 | 300 以内 | 9 | 26 | 40 | 51 | 10 |
| 7-1-2 | 500 以内 | 9 | 28 | 45 | 57 | 12 |
| 7-1-3 | 800 以内 | 12 | 35 | 54 | 71 | 15 |
| 7-1-4 | 1000 以内 | 14 | 38 | 60 | 78 | 17 |
| 7-1-5 | 1200 以内 | 15 | 42 | 65 | 85 | 18 |
| 7-1-6 | 1500 以内 | 16 | 46 | 72 | 94 | 19 |
| 7-1-7 | 1600 以内 | 16 | 48 | 76 | 99 | 21 |

## 二、钢管铺设

| 编号 | 公称直径(mm) | 工期(d) | | | | |
|---|---|---|---|---|---|---|
| | | 长度(m) | | | | |
| | | ≤50 | ≤200 | ≤400 | ≤600 | >600 时<br>每增加 200 |
| 7-1-8 | 300 以内 | 9 | 28 | 44 | 56 | 11 |
| 7-1-9 | 500 以内 | 10 | 31 | 49 | 63 | 13 |
| 7-1-10 | 800 以内 | 13 | 38 | 60 | 78 | 16 |
| 7-1-11 | 1000 以内 | 15 | 42 | 66 | 86 | 18 |
| 7-1-12 | 1200 以内 | 16 | 46 | 72 | 94 | 20 |
| 7-1-13 | 1500 以内 | 17 | 51 | 80 | 104 | 21 |
| 7-1-14 | 1600 以内 | 17 | 53 | 84 | 110 | 23 |
| 7-1-15 | 1800 以内 | 19 | 59 | 92 | 122 | 27 |
| 7-1-16 | 2000 以内 | 20 | 62 | 97 | 129 | 28 |
| 7-1-17 | 2400 以内 | 23 | 69 | 108 | 144 | 32 |
| 7-1-18 | 2600 以内 | 25 | 73 | 118 | 149 | 34 |
| 7-1-19 | 3000 以内 | 27 | 79 | 124 | 166 | 37 |

## 三、聚乙烯(PE)管铺设

| 编号 | 公称外径(mm) | 工期(d) | | | | |
|---|---|---|---|---|---|---|
| | | 长度(m) | | | | |
| | | ≤50 | ≤200 | ≤400 | ≤600 | >600 时<br>每增加 200 |
| 7-1-20 | 225 以内 | 10 | 28 | 44 | 55 | 11 |
| 7-1-21 | 315 以内 | 10 | 29 | 46 | 58 | 12 |

# 第二节　水平定向钻工程

| 编号 | 管径(mm) | 工期(d) | | | |
|---|---|---|---|---|---|
| | | 长度(m) | | | |
| | | ≤100 | ≤300 | ≤500 | ≤800 |
| 7-1-22 | 300 以内 | 25 | 30 | 35 | 52 |
| 7-1-23 | 500 以内 | 30 | 35 | 42 | 58 |
| 7-1-24 | 800 以内 | 35 | 39 | 50 | 71 |
| 7-1-25 | 1000 以内 | 38 | 42 | 59 | 77 |

# 第三节　顶 管 工 程

## 一、顶管工作井

| 编号 | 结构类型 | 管径(mm) | 工期(d) | | |
|---|---|---|---|---|---|
| | | | 井深(m) | | |
| | | | 8 以内 | 15 以内 | 15 以外 |
| 7-1-26 | 沉井 | 1500 以内 | 60 | 80 | 110 |
| 7-1-27 | | 2400 以内 | 67 | 87 | 117 |
| 7-1-28 | | 3500 以内 | | 95 | 130 |
| 7-1-29 | | 3500 以外 | | 100 | 140 |
| 7-1-30 | 型钢水泥土搅拌墙 | 1500 以内 | 55 | 89 | 116 |
| 7-1-31 | | 2400 以内 | 60 | 95 | 122 |
| 7-1-32 | | 3500 以内 | 69 | 104 | 129 |
| 7-1-33 | | 3500 以外 | 71 | 108 | 139 |
| 7-1-34 | 灌注桩排桩围护墙 | 1500 以内 | 115 | 139 | 187 |
| 7-1-35 | | 2400 以内 | 120 | 144 | 192 |
| 7-1-36 | | 3500 以内 | 125 | 149 | 197 |
| 7-1-37 | | 3500 以外 | 130 | 154 | 203 |
| 7-1-38 | 地下连续墙 | 1500 以内 | | | 176 |
| 7-1-39 | | 2400 以内 | | | 181 |
| 7-1-40 | | 3500 以内 | | | 186 |
| 7-1-41 | | 3500 以外 | | | 191 |

## 二、管道顶进

| 编号 | 管径(mm) | 工期(d) | | |
|---|---|---|---|---|
| | | 长度(m) | | |
| | | ≤400 | ≤800 | ≤1200 |
| 7-1-42 | 800 以内 | 45 | | |
| 7-1-43 | 1200 以内 | 47 | 87 | |
| 7-1-44 | 1600 以内 | 49 | 89 | 106 |
| 7-1-45 | 2000 以内 | 52 | 98 | 115 |
| 7-1-46 | 2500 以内 | 54 | 104 | 151 |
| 7-1-47 | 3200 以内 | 61 | 108 | 155 |
| 7-1-48 | 4000 以内 | 77 | 124 | 171 |

# 第二章 自来水厂、站工程

## 说 明

一、本章定额包括自来水厂工程和市政给水泵站工程。

二、自来水厂工程

(一) 自来水厂工程定额工期包括土建、设备安装及调试等全部施工内容,已综合考虑降水、地基处理、基坑支护工期等;不包括厂外连接管线的施工、内部管线和外部管线的连接口工程。

(二) 当设计日产量小于 5 万 $m^3$ 时,按 5 万 $m^3$ 计算工期;当设计日产量在定额相邻子目区间时,工期按内插法计算。

三、给水泵站工程

(一) 给水泵站工程定额工期包括地基基础、土建、设备安装及调试等全部施工内容;不包括外部连接管线的改造、内部管线和外部管线的连接口工程。

(二) 当设计日供水量小于 2 万 $m^3$ 时,按 2 万 $m^3$ 计算工期;当设计日供水量在定额相邻子目区间时,工期按内插法计算。

(三) 给水泵站工期按基坑埋深 5 m 以内的一般土方开挖编制的,当设计采用深基坑支护且埋深大于 5 m 时,可套用本市其他专业工期定额基坑工程相应项目。

# 第一节　自来水厂工程

| 编号 | 日产量(万 $m^3$/d) | 工期(d) |
|---|---|---|
| 7-2-1 | 5 以内 | 315 |
| 7-2-2 | 10 以内 | 430 |
| 7-2-3 | 20 以内 | 510 |
| 7-2-4 | 30 以内 | 565 |
| 7-2-5 | 40 以内 | 615 |

# 第二节　给水泵站工程

| 编号 | 日供水量(万 $m^3$/d) | 工期(d) |
|---|---|---|
| 7-2-6 | 2 以内 | 180 |
| 7-2-7 | 5 以内 | 270 |
| 7-2-8 | 10 以内 | 360 |